Bibliografische Information der Deutschen Nationalbibliothek:

Die Deutsche Bibliothek verzeichnet diese Publikation in der Deutschen Nationalbibliografie; detaillierte bibliografische Daten sind im Internet über http://dnb.d-nb.de/ abrufbar.

Impressum:

Druck und Bindung: Books on Demand GmbH, Norderstedt Germany
ISBN: 9783346175533

Dieses Buch bei GRIN:

https://www.grin.com/document/541618

Fuad Ayan

Möglichkeiten zur Begrenzung des Klimawandels im Bereich der Energieerzeugung

GRIN Verlag

Seminararbeit

Thema:

Ansätze zur Begrenzung des Klimawandels

im Bereich Energieerzeugung und Energiebereitstellung

Inhaltsverzeichnis

Abbildungsverzeichnis

Abkürzungsverzeichnis

AGEE Stat	Arbeitergruppe Erneuerbare Energien-Statistik
Aufl.	Auflage
BMU	Bundesministerium für Umwelt, Naturschutz und nukleare Sicherheit
BMWi	Bundesministerium für Wirtschaft und Energie
EEG	Das Erneuerbare-Energien-Gesetz
IRB	Informationszentrum Raum und Bau
Mrd. kWh.	Milliarden Kilowattstunden
o.J.	Ohne Jahr
UBA	Umweltbundesamt
Vgl.	Vergleiche
überarb. Aufl.	Überarbeitete Auflage

Symbolverzeichnis

Mio. t CO_2	Millionen Tonnen Kohlenstoffdioxid

1 Einleitung

Die vorliegende Arbeit beschäftigt sich mit der Darstellung und über Ansatzmöglichkeiten zur Begrenzung des Klimawandels im Bereich der Energieerzeugung und der Energiebereitstellung. Durch die aktuellen Ereignisse wie beispielsweise die Klimapolitik in Deutschland und das Streben von Nachhaltigkeit in unterschiedlichen Branchen ist die Gesamtheit der Bevölkerung unmittelbar involviert. Aus diesem Grund widmet sich der erste Teil den Lösungsansätzen zur Begrenzung des Klimawandels der europäischen- und deutschen Klimapolitik. Als Basis der Überlegungen werden erläutert, welche erneuerbaren Energien zu Verfügung stehen und was sie für den Klimawandel leisten. Aufbauend darauf wird in der Arbeit insbesondere auf die Geothermie und die Biomasse eingegangen, da die Erläuterung aller regenerativen Energien über den Rahmen dieser Arbeit hinausgehen. Zum Schluss wird auf die Energiebereitstellung eingegangen, und abschließend der thermische Energiespeicher aufgegriffen. Ziel dieser Arbeit ist es die verschiedensten regenerativen Energien näher zu bringen und im weiteren Sinne zu vermitteln welche Vor- und Nachteile diese haben und wieso die Energiebereitstellung dazu helfen soll den Klimawandel zu begrenzen.

2 Das Pariser Abkommen

Das folgende Kapitel beschäftigt sich mit der Klimapolitik Deutschlands. In Bezug auf das Thema nimmt das Pariser Abkommen eine wichtige Rolle ein. Das Abkommen von Paris, welches im Jahre 2015 stattfand, beschreibt die Einigung von 197 Staaten und ist damit ein internationaler Klimavertrag.[1] Die Europäische Union bestätigte am 5. Oktober 2016 das Pariser Übereinkommen.[2] Das Klimaabkommen ist seit dem 4. November 2016 in Kraft getreten.[3] Das Protokoll verfolgt dabei folgende drei Hauptziele: Die Erderwärmung auf unter zwei Grad gegenüber den vorindustriellen Werten begrenzen.[4] Außerdem müssen die betroffenen Länder die Adaption an den Klimawandel fördern.[5] Des Weiteren müssen die Entwicklungsländer von der Europäischen Union und den Industrieländern unterstützt werden, damit die Emissionen reduziert werden können.[6] Zusätzlich sollte die Entwicklungsgesellschaft resistent gegen die Auswirkungen des Klimawandels sein.[7] Zudem gilt dabei die Transparenz, welche die Fortschritte der Klimaziele verdeutlicht und veröffentlicht.[8] Schlussfolgernd ergibt sich daraus, dass alle fünf Jahre schärfere Ziele festgelegt werden müssen.[9]

3 Der Klimaschutzplan 2050

Aufbauend auf dem Pariser Abkommen geht die Bundesregierung im November 2016 aktiv drauf ein, den Klimaschutzplan 2050 zu entwickeln.[10] Der Plan beschreibt die Umsetzung der Ziele, die im Pariser Protokoll festgehalten wurden.[11] Das Mittelfristziel besagt, dass in Deutschland bis 2030 die Senkung des Treibhausgas-Emissionen um 55 Prozent gegenüber den Werten von 1990 stattfinden soll.[12] Zu den wichtigsten Bereichen, die im Bezug zu den Treibhausgas-Emissionen optimiert werden müssen, gehören die Energiewirtschaft, Industrie und der Verkehr.[13] Für diese Branchen wird durch die Bundesregierung Emissionsminderungsziele für das Jahr 2030 festgelegt.[14] Aufbauend darauf legt der Klimaschutzplan fest, dass bis 2040 die Emissionen in Deutschland um 70 Prozent sinken sollen.[15] Bis 2050 muss Deutschland laut dem Klimaschutzplan 2050 vollständig aus der

---

1 Vgl. BMWi (o.J.), Abkommen von Paris.
2 Vgl. Europäische Kommission (o.J.), Pariser Übereinkommen.
3 Vgl. BMWi (o.J.), Abkommen von Paris.
4 Vgl. BMWi (o.J.), Abkommen von Paris.
5 Vgl. BMWi (o.J.), Abkommen von Paris.
6 Vgl. BMWi (o.J.), Abkommen von Paris.
7 Vgl. Europäische Kommission (o.J.), Pariser Übereinkommen.
8 Vgl. Europäische Kommission (o.J.), Pariser Übereinkommen.
9 Vgl. BMWi (o.J.), Abkommen von Paris.
10 Vgl. BMU (2017), Der Klimaschutzplan 2050-Die deutsche Klimaschutzlangfriststrategie.
11 Vgl. BMU (2017), Der Klimaschutzplan 2050-Die deutsche Klimaschutzlangfriststrategie.
12 Vgl. BMU (2017), Der Klimaschutzplan 2050-Die deutsche Klimaschutzlangfriststrategie.
13 Vgl. BMU (2017), Der Klimaschutzplan 2050-Die deutsche Klimaschutzlangfriststrategie.
14 Vgl. BMU (2017), Der Klimaschutzplan 2050-Die deutsche Klimaschutzlangfriststrategie.
15 Vgl. Die Bundesregierung (2016), Meilenstein für Modernisierung Deutschlands.

Kohleenergie raustreten.[16] Außerdem sollen die fossilen Energieträger durch die erneuerbaren Energien wie Photovoltaik, Solarthermie, Windkraft, Biomasse und Geothermie investiert und gefördert werden.[17]

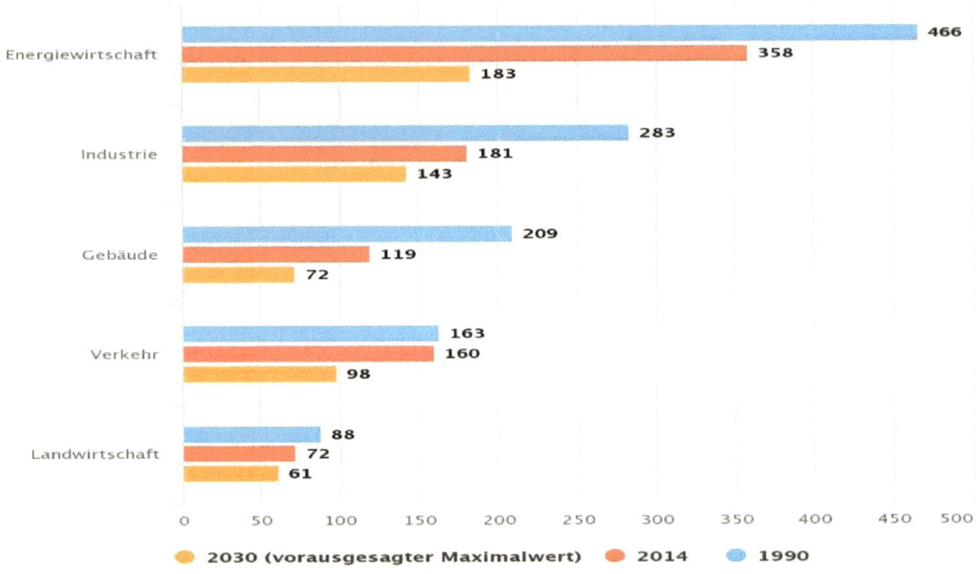

Abbildung 1: Die Sektorziele im Klimaschutzplan 2050[18]

In Abbildung 1 sind die Sektorziele 2030 aus dem Klimaschutzplan 2050 dargestellt. Die x-Achse gibt die CO_2-Emissionen in Mio. t wieder, während die y-Achse die unterschiedlichen Branchen der Ausstoßung darstellt. Die drei unterschiedlichen Farben verdeutlichen dabei verschiedene Zeiten in Jahren. Die Farbe Orange steht für das Jahr 2030, die Farbe Rot für das Jahr 2014 und Blau für 1990. Erkennbar ist, dass die Energiewirtschaft im Vergleich zu den Sektoren Industrie, Gebäude, Verkehr und Landwirtschaft den höchsten CO_2 Ausstoß besitzt, im gesamten Zeitraum von 1990 bis 2030. Anhand der Werte ist jedoch zu sehen, dass die Zahlen erheblich sinken. Während der höchsten CO_2 Ausstoß 1990 466 Millionen Tonnen betrug, sinkt dieser auf 358 Millionen Tonnen im Jahr 2014. Das Ziel für die Energiewirtschaft 2030 ist mit maximal 183 Millionen Tonnen CO_2 angegeben. Bewertend darauf ist zu erkennen, dass durch den Klimaschutzplan 2050 die Energiewirtschaft mehr als das doppelte an Emissionen einsparen soll. Dies hat zu Folge, dass die Weiterentwicklung der

[16] Vgl. Die Bundesregierung (2016), Meilenstein für Modernisierung Deutschlands.

[17] Vgl. Die Bundesregierung (2016), Meilenstein für Modernisierung Deutschlands.

[18] BMU (2017), Klimaschutz in Zahlen 2017.

Energiewirtschaft eine zentrale Rolle im Klimaschutzplan 2050 ist.[19] Ende 2019 beziehungsweise Anfang 2020 müssen die Vertragsstaaten des Pariser Abkommens ihre neuen Beiträge und Fortschritte nachweisen.[20] Dies liegt dem obligatorischen 5. Jahres Rhythmus, die festgelegt wurde, zudem die Überprüfung stattfinden soll.[21]

4 Die Energieerzeugung

Unter Energieerzeugung ist die Veränderung von Energieformen zu verstehen, die sich in mechanischer Energie, darunter ist gemeint die potentielle- und kinematische Energie sowohl thermischer, elektrischer und chemischer Energie unterteilen.[22] Hierbei wird die Wärme als die Bewegung molekularer Teilchen verstanden, während der elektrische Strom für eine gerichtete Bewegung geladener Teilchen sorgt.[23] Mit den unterschiedlichen Energieformen kann man diese ineinander umwandeln.[24] In diesem Sinne ist es möglich, aus chemischer Energie Bewegungsenergie umzuformen oder durch Photovoltaikanlagen mittels Sonnenlichtes elektrischen Strom zu generieren.[25] Erdöl, Erdgas oder Kohle gehören zu den konventionellen Energieträgern, welche limitiert sind. Im Unterschied dazu stehen die regenerativen Energiequellen wie Wind, Sonne, Wasser, Geothermie oder Biomasse unbegrenzt zu Verfügung.[26] Die Sonnenstrahlen, auch Solarstrahlung, kann umwandelt werden in Strom oder Wärme.[27] Des Weiteren gehören Wasserkraft, Biomasse oder Windenergie zu den Sonnenenergien und damit zu den regenerativen Energien.[28] Die Wärme aus dem Erdinneren sowie die Gezeitenenergie gehören nicht zu den Sonnenenergien.[29]

[19] Vgl. BMU (2017), Der Klimaschutzplan 2050-Die deutsche Klimaschutzlangfriststrategie.
[20] Vgl. BMU (2017), Der Klimaschutzplan 2050-Die deutsche Klimaschutzlangfriststrategie.
[21] Vgl. BMU (2017), Der Klimaschutzplan 2050-Die deutsche Klimaschutzlangfriststrategie.
[22] Vgl. Stober/ Bucher (2012), Geothermie S. 28.
[23] Vgl. Stober/ Bucher (2012), Geothermie S. 28.
[24] Vgl. Stober/ Bucher (2012), Geothermie S. 28.
[25] Vgl. Stober/ Bucher (2012), Geothermie S. 28.
[26] Vgl. Stober/ Bucher (2012), Geothermie S. 28.
[27] Vgl. Stober/ Bucher (2012), Geothermie S. 28.
[28] Vgl. Stober/ Bucher (2012), Geothermie S. 28.
[29] Vgl. Stober/ Bucher (2012), Geothermie S. 28.

5 Veränderung der Stromerzeugung durch erneuerbare Energien

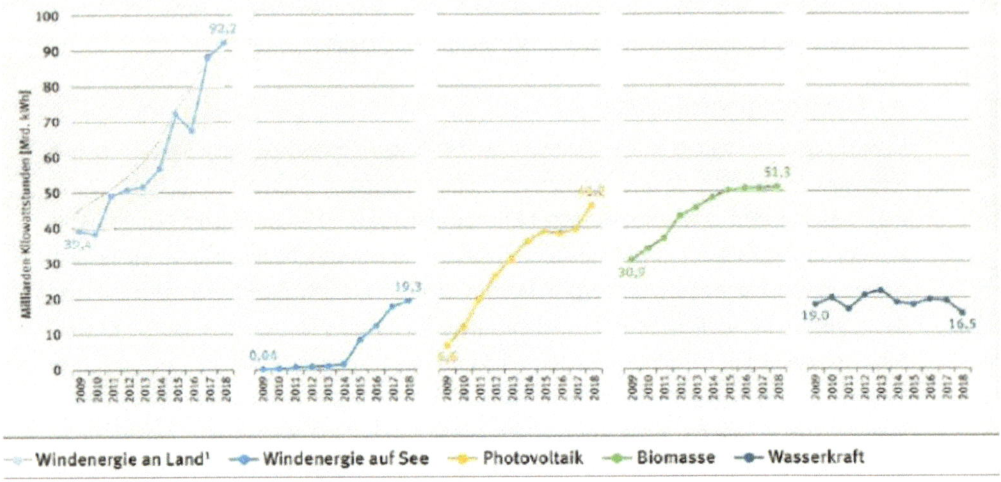

Abbildung 2: Entwicklung der Stromerzeugung erneuerbarer Energieträger im Vergleich der letzten 10 Jahre[30]

Die Abbildung 2 stellt die Entwicklung der Stromerzeugung erneuerbarer Energieträger im Vergleich von 2009 bis 2018 in Milliarden Kilowattstunden dar. Die abgebildeten erneuerbaren Energiequellen sind Windenergie an Land, wo Energie mithilfe von Windrädern erzeugt wird. Diese nennt man auch Onshore-Windparks. Als Pendant zu den Onshore-Windparks gibt es Offshore-Windparks, die in der Abbildung mit Windenergie auf See betitelt wird. Weitere regenerativen Energien, die in der 2. Abbildung verglichen werden, sind Photovoltaik, Biomasse und Wasserkraft. Bei der Windenergie an Land ist deutlich zu sehen, dass es in den Jahren 2015 und 2017 zu vorteilhaften Windverhältnissen kam, wohingegen im Jahr 2010 und 2016 zu nachteiligen Windverhältnissen gekommen ist. Der Energieaufwand 2009 betrug 39,4 Mrd. kWh.. Im Jahr 2010 sinkt die Kurve leicht, wegen des genannten Windverhältnisses. Ab 2011 steigt die Stromerzeugung bis 2016 stark an. Dann wieder durch ungünstige Windverhältnisse wieder im Jahr 2016 einen leichten Einbruch. Jedoch stieg in den letzten beiden Jahren 2017 und 2018 die Stromerzeugung immens bis auf einen Wert von 92,2 Mrd. kWh.. Die Begründung für den starken Anstieg in den letzten beiden Jahren kann sich durch den Ausbau der erneuerbaren Energien erklären und die damit verbundenen Klimaschutzziele Deutschlands. Bei den Offshore-Windparks liegt der Wert bei 0,04 Mrd. kWh., welches Vergleichsweise mit der Windenergie an Land deutlich niedriger ist. Die Stromerzeugung bleibt bis 2014 marginal unverändert. Von 2015 bis 2018 entwickelt sich der Wert kontinuierlich mit

[30] AGEE-Stat am UBA (2019), Erneuerbare Energien in Deutschland-Daten zur Entwicklung im Jahr 2018 S.9.

19.3 Mrd. kWh. hoch. Im Gegenzug zur Photovoltaik ist der Wert im Jahr 2009 mit 6,6 Mrd. kWh.. Hier ist die Kurve linear steigend bis 2016. Dann Stagniert der Wert bis 2018 und schließlich ist der Trend ab 2018 wieder positiv. Dies kann sich durch die unterschiedlichen Wetterverhältnisse erklären, aber auch durch den Ausbau von Photovoltaikanlagen. Zieht man die Technologie der Biomasse in Betracht, stellt man fest, dass die Stromerzeugung vergleichend mit dem Offshore-Windparks und die Photovoltaik im Jahr mit 30,9 Mrd. kWh. höher waren. Bis 2015 steigt die Kurve linear etwa bis 50 Mrd. kWh.. Darauffolgend stagniert weitestgehend die Stromerzeugung von Biomasse in Deutschland bis 2018. Wenn man sich den Graphen von der Wasserkraft anschaut, liegt der Wert im Jahr 2009 bei 19 Mrd. kWh.. Diese regenerative Energie schwankt von Jahr zu Jahr, bis es schließlich im Jahr 2018 auf eine Stromerzeugung von 16,5 Mrd. kWh. gelangt. Der Grund für die extreme Schwankung kann unter anderem die Wetterverhältnisse sein. Außerdem könnte bei der Wasserkraft kein hoher Ausbau vorliegen, was den Rückgang des Wertes an Stromerzeugung im Gegensatz zu 2010 erklären könnte.

6 Resultat hinsichtlich Treibhausgas-Vermeidung

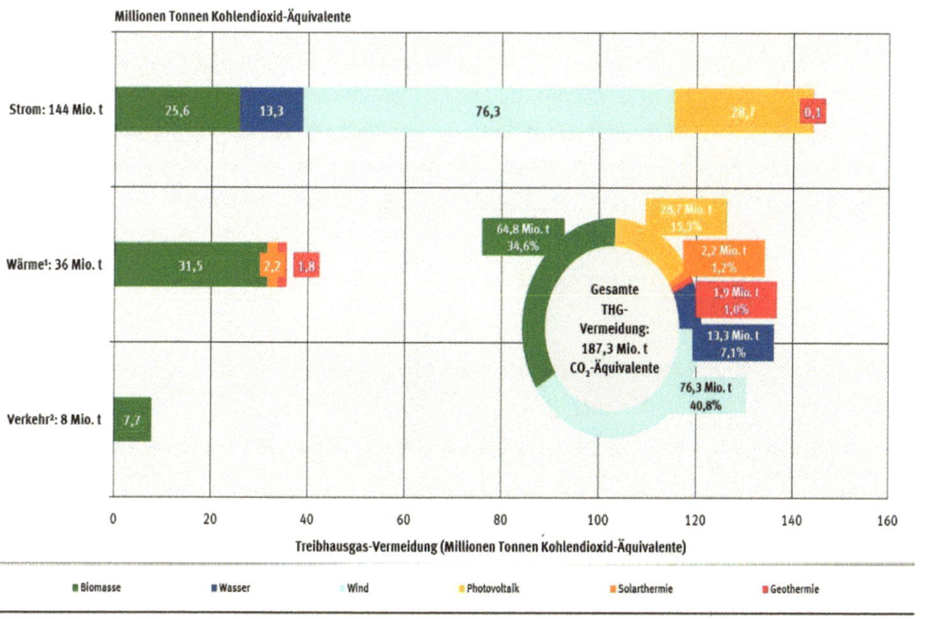

Abbildung 3: Netto-Bilanz der vermiedenen Treibhausgas- Emissionen durch die Nutzung erneuerbarer Energien im Jahr 2018[31]

[31] UBA, unter Verwendung von Dateien der AGEE-Stat (2019), Erneuerbare Energien in Zahlen.

Die Darstellung zeigt die Netto-Bilanz der vermiedenen Treibhausgas- Emissionen durch den Einsatz erneuerbarer Energien in Deutschland im Jahr 2018. Die regenerativen Energien, die berücksichtig werden, sind Biomasse, Wasser, Wind, Photovoltaik, Solarthermie und Geothermie. Im Jahr 2018 wurde durch die genannten alternativen Energien etwa 187,3 Mio. t CO_2 umgangen.[32] „Dabei wurden wiederum die meisten Treibhausgas-Emissionen durch die Stromerzeugung aus Windenergie-anlagen vermieden (knapp 75 Mio. t CO2-Äquivalente).“[33] In Abbildung 3 wird deutlich, dass es drei unterschiedliche Bereiche gibt: Strom, Wärme und Verkehr. Dabei konnte man im Strom etwa 141 Mio. t CO_2 – Äquivalente einsparen.[34] „Im Wärmesektor wurden etwa 35 Mio. t CO2-Äquivalente und durch Biokraftstoffe etwa 8 Mio. t CO2-Äquivalente vermieden.“[35]

7 Die Geothermie

Die Erde befand sich vor etwa vier Milliarden Jahren in einem geschmolzenen Zustand.[36] Die Erdkruste verfestigte sich vor gut drei Milliarden Jahren, da die Oberflächentemperatur der Erde unter 100 Grad Celsius fiel.[37] „Mit verschiedenen Techniken der Tiefengeothermie ist es möglich, die Wärme des Erdinneren kontrolliert für uns anzuzapfen und damit einen Teil unseres Wärme- oder Strombedarfs zu decken.“[38] Es ist möglich, die gespeicherte Wärme, die auf der Erdkruste liegt, in Energie zu umwandeln.[39] Es bestehen drei unterschiedliche Verfahren, die zur Energiegewinnung mittels Geothermie ausführbar sind: Die oberflächennahe Geothermie, die bis 400 Metern Tiefe gehende und durch Wärmepumpen genutzte Verfahren, die geothermische Systeme, die warmes Wasser aus dem Untergrund nutzen und bis 4500 Metern Tiefe eindringen und die bis 5000 Metern Tiefe gehende und Wärme aus dem tiefen Gestein für die Stromerzeugung nutzende Verfahren.[40]

---

[32] Vgl. AGEE-Stat am Umweltbundesamt (2019), Erneuerbare Energien in Deutschland-Daten zur Entwicklung im Jahr 2018 S. 16.

[33] AGEE-Stat am Umweltbundesamt (2019), Erneuerbare Energien in Deutschland-Daten zur Entwicklung im Jahr 2018 S. 16.

[34] Vgl. AGEE-Stat am Umweltbundesamt (2019), Erneuerbare Energien in Deutschland-Daten zur Entwicklung im Jahr 2018 S. 16.

[35] AGEE-Stat am Umweltbundesamt (2019), Erneuerbare Energien in Deutschland-Daten zur Entwicklung im Jahr 2018 S. 16.

[36] Vgl. Quaschning (2013), Erneuerbare Energien und Klimaschutz S.263.

[37] Vgl. Quaschning (2013), Erneuerbare Energien und Klimaschutz S.263.

[38] Quaschning (2013), Erneuerbare Energien und Klimaschutz S.263.

[39] Vgl. Zacharias (2013), Berufs- und Karriereplaner Erneuerbare Energien S.10.

[40] Vgl. Zacharias (2013), Berufs- und Karriereplaner Erneuerbare Energien S.10.

7.1 Vorgang von Geothermie

In Deutschland sind größere Bohrtiefen erforderlich, um auf die gleichen Temperaturen zu gelangen als in Ländern, die einen geothermisch vorteilhafteren Raum aufweisen, wie beispielsweise Island.[41] Die günstigste Voraussetzung in Deutschland befindet sich in der Rheintiefenebene, wo etwa 150 Grad Celsius bei 3000 Metern Tiefe vorhanden ist.[42] Der thermische Tiefengradient, welches den Temperaturanstieg mit steigender Tiefe beschreibt, beträgt in Deutschland durchschnittlich drei Grad Celsius auf 100 Meter.[43] Darauffolgend gäbe es eine Temperaturzunahme von 90 Grad Celsius in 3000 Metern Tiefe.[44] Vergleichsweise mit Island, würde man solche Temperaturwerte bereits bei geringen Tiefen erreichen.[45] Motoren mit diamantenbesetzen Meißel sorgen aufgrund ihrer hohen Festigkeit für Tiefenbohrungen.[46] Diese Vorgehensweise nennt sich Dreh- oder Rotaryborverfahren.[47] Dank Turbinen und Elektromotoren können die Bohrköpfe die Belastungen bei der Bohrung überstehen.[48] Neben dem Bohrkopf ist ein Bohrturm nötig, welcher sich auf der Oberfläche der die Bohrgestänge festhält, befindet.[49] Auf der Innenseite des Bohrers werden Drücke bis 300 bar festgestellt, welches mithilfe von Wasser erreicht werden.[50] „Diese Spülung treibt zerkleinertes Gesteinsmaterial im Außenraum zwischen Meißel und Bohrloch an die Oberfläche und kühlt zugleich den Bohrer."[51] Ein größeres Gebiet lässt sich im Untergrund durch Senkrechtablenkung erschließen.[52] Dies ist aufgrund des Bohrantriebs möglich.[53] Eine Problematik der Geothermie ist, dass im Untergrund vorhandenes Salz das Metall der Stahlrohre angreift.[54] Dadurch korrodiert das Stahlrohr, welches als Maßnahme gegen das Einstürzen gewährleisten soll.[55] Heutzutage werden durch besondere Materialien diese Probleme wie die Gefährdung des Einstürzens behoben.[56] Die maximale Bohrtiefe in Deutschland liegt bei 9,1 Kilometern.[57] Die maximale Tiefe weltweit die gebohrt wurde, liegt bei 12 Kilometern in Russland.[58] Bei 10 Kilometern Tiefe erwartet man Drücke von bis zu 3000

---

[41] Vgl. Quaschning (2013), Erneuerbare Energien und Klimaschutz S.265.
[42] Vgl. Quaschning (2013), Erneuerbare Energien und Klimaschutz S.265.
[43] Vgl. Quaschning (2013), Erneuerbare Energien und Klimaschutz S.265.
[44] Vgl. Quaschning (2013), Erneuerbare Energien und Klimaschutz S.265.
[45] Vgl. Quaschning (2013), Erneuerbare Energien und Klimaschutz S.265.
[46] Vgl. Quaschning (2013), Erneuerbare Energien und Klimaschutz S.266.
[47] Vgl. Quaschning (2013), Erneuerbare Energien und Klimaschutz S.266.
[48] Vgl. Quaschning (2013), Erneuerbare Energien und Klimaschutz S.266.
[49] Vgl. Quaschning (2013), Erneuerbare Energien und Klimaschutz S.266.
[50] Vgl. Quaschning (2013), Erneuerbare Energien und Klimaschutz S.266.
[51] Quaschning (2013), Erneuerbare Energien und Klimaschutz S.266.
[52] Vgl. Quaschning (2013), Erneuerbare Energien und Klimaschutz S.266.
[53] Vgl. Quaschning (2013), Erneuerbare Energien und Klimaschutz S.266.
[54] Vgl. Quaschning (2013), Erneuerbare Energien und Klimaschutz S.267.
[55] Vgl. Quaschning (2013), Erneuerbare Energien und Klimaschutz S.266-267.
[56] Vgl. Quaschning (2013), Erneuerbare Energien und Klimaschutz S.267.
[57] Vgl. Quaschning (2013), Erneuerbare Energien und Klimaschutz S.267.
[58] Vgl. Quaschning (2013), Erneuerbare Energien und Klimaschutz S.267.

bar mit über 300 Grad Celsius.[59] Für die Geothermie reichen jedoch tiefen von etwa 5 Kilometern, aber auch bei diesen Tiefen ist es ökonomisch gesehen sehr teuer.[60]

7.2 Segen und Fluch von der Geothermie

Neben den hohen Kosten für die Bohrung bei der Geothermie ist auch das Bohrrisiko für die Ökonomie nicht weg zu denken.[61] Die Bohrkosten sind sehr schwer einzuschätzen, da der Untergrund bei kristallines Festgestein aufwändiger ist zu bohren und damit könnten die Kosten steigen.[62] Bei weichem Sedimentgestein ist die Bohrung vergleichsweise nicht anspruchsvoll und damit preiswerter.[63] Ein Scheitern von einem Geothermie Projekts kann gelingen, wenn die Temperatur im Untergrund wesentlich geringer ist als Vorhergesagt.[64] „In Bad Urach wurde beispielsweise ein recht aussichtsreiches Geothermieprojekt aus finanziellen Gründen mehrfach wiedereingestellt."[65] Die Kosten für geothermischen Strom sind in Deutschland höher als bei Strom aus Wind- und Wasserkraftanlagen, da bereits der Bau an Geothermiekraftwerken für hohe Kosten sorgen.[66] Jedoch subventioniert das Erneuerbare-Energien-Gesetz in Deutschland die geothermische Stromerzeugung.[67] Ein Vorteil des geothermischen Strom ist die ökologische Seite.[68] Es gibt keine ungünstigen Einflüsse auf die Umwelt.[69] Andererseits ist das Arbeitsmittel PF5050 stark Kohlendioxidhaltig.[70] Falls ein Kilogramm des Arbeitsmittel PF5050 in die Atmosphäre gelangt, stoßt es 7,5 Tonnen Kohlenstoffdioxid aus.[71] Ein Nutzen der Geothermie ist die unveränderliche Verfügbarkeit, das heißt, dass es weder von Wind- oder Wetterverhältnissen abhängt.[72] Bei begrenzten Energien wie fossile Energieträger erhöhen sich die Preise zunehmend und auch die negativen Emissionsbilanz führen dazu, dass die Nachfrage an regenerativen Energien steigt, welches die Geothermie zu einer unabdingbare Alternative leitet.[73] Für Deutschland ist das Nutzen an Geothermie wegen der ungünstigen geothermischen Ressourcen ökonomisch nicht wertvoll, deswegen werden Länder mit besseren Bedingungen für Geothermie führend bleiben.[74] Jedoch kann Deutschland durch den Export von selbst entwickelten Technologien im Bereich

[59] Vgl. Quaschning (2013), Erneuerbare Energien und Klimaschutz S.267.
[60] Vgl. Quaschning (2013), Erneuerbare Energien und Klimaschutz S.267.
[61] Vgl. Quaschning (2013), Erneuerbare Energien und Klimaschutz S.273.
[62] Vgl. Quaschning (2013), Erneuerbare Energien und Klimaschutz S.273.
[63] Vgl. Quaschning (2013), Erneuerbare Energien und Klimaschutz S.273.
[64] Vgl. Quaschning (2013), Erneuerbare Energien und Klimaschutz S.273.
[65] Quaschning (2013), Erneuerbare Energien und Klimaschutz S.273.
[66] Vgl. Quaschning (2013), Erneuerbare Energien und Klimaschutz S.273.
[67] Vgl. Quaschning (2013), Erneuerbare Energien und Klimaschutz S.273.
[68] Vgl. Quaschning (2013), Erneuerbare Energien und Klimaschutz S.274.
[69] Vgl. Quaschning (2013), Erneuerbare Energien und Klimaschutz S.274.
[70] Vgl. Quaschning (2013), Erneuerbare Energien und Klimaschutz S.274.
[71] Vgl. Quaschning (2013), Erneuerbare Energien und Klimaschutz S.274.
[72] Vgl. Quaschning (2013), Erneuerbare Energien und Klimaschutz S.276.
[73] Vgl. Quaschning (2013), Erneuerbare Energien und Klimaschutz S.276.
[74] Vgl. Quaschning (2013), Erneuerbare Energien und Klimaschutz S.276.

Geothermie durch die genannten Faktoren wie erhöhten Preisen an fossilen Energieträger auf dem Weltmarkt profitieren.[75]

8 Die Biomasse

Die Biomasse ist die Energie aus der Natur zum Beispiel Brennholz, welches unsere Vorfahren seit Jahrtausenden genutzt haben und ist also damit die älteste regenerative Energiequelle.[76] Heutzutage kann diese erneuerbare Energie Heizungsanlangen oder Kraftwerke zur Stromerzeugung und Brenngas oder Treibstoffe generieren.[77] Unter Biomasse versteht man die Masse von anorganischem Material, das heißt alle Lebewesen, organische Stoffwechselprodukte und abgestorbene Organismen.[78] Die Sonne gibt die Energie für die Pflanzen, wodurch die Photosynthese stattfindet und dementsprechend Biomasse aus Pflanzen produziert wird.[79] In Regionen, wo Wassermangel herrscht gibt es geringe Biomassenwachstum woraus man schließt, dass neben der Sonne auch Wasser bedeutend für den Wachstum an Biomasse ist.[80] Deshalb sind auf der Erde die Biomassenvorkommen unterschiedlich zerstreut.[81]

8.1 Der Wirkungsgrad von der Biomasse

Durch den Wirkungsgrad lässt sich die Flächennutzung beim Anbau von Biomasse mit anderen Erneuerbaren Energieträgern vergleichbar machen.[82] „Den Wirkungsgrad einer Pflanze bestimmt man, indem man den Heizwert der getrockneten Biomasse durch die Sonnenenergie teilt, welche die die Pflanze während ihrer Wachstumsphase erreicht hat.“[83] Der Wirkungsgrad von der Produktion an Biomasse ist auf der Erde mit 0,14 Prozent festgelegt.[84] Vergleichsweise ist der Wert des Wirkungsgrades mit anderen regenerativen Energien niedrig, aber der Energiegehalt von Biomasse ist global betrachtet mit dem zehnfachen des gesamten Primärenergiebedarfs gedeckt.[85]

---

[75] Vgl. Quaschning (2013), Erneuerbare Energien und Klimaschutz S.276.
[76] Vgl. Quaschning (2013), Erneuerbare Energien und Klimaschutz S.292.
[77] Vgl. Quaschning (2013), Erneuerbare Energien und Klimaschutz S.292-293.
[78] Vgl. Quaschning (2013), Erneuerbare Energien und Klimaschutz S.293.
[79] Vgl. Quaschning (2013), Erneuerbare Energien und Klimaschutz S.293.
[80] Vgl. Quaschning (2013), Erneuerbare Energien und Klimaschutz S.294.
[81] Vgl. Quaschning (2013), Erneuerbare Energien und Klimaschutz S.294.
[82] Vgl. Quaschning (2013), Erneuerbare Energien und Klimaschutz S.294.
[83] Quaschning (2013), Erneuerbare Energien und Klimaschutz S.294.
[84] Vgl. Quaschning (2013), Erneuerbare Energien und Klimaschutz S.294.
[85] Vgl. Quaschning (2013), Erneuerbare Energien und Klimaschutz S.294.

8.2 Möglichkeiten von der Biomasse

Etwa ein Prozent der Biomasse wird für die Energieerzeugung durch Brennholz genutzt.[86] Insgesamt benutzt die Menschheit etwa vier Prozent der neu entstehenden Biomasse.[87] Die restlichen drei Prozent teilen sich die Nahrungs- und Futtermittelproduktion mit zwei Prozent Anteil und ein Prozent endet als Holzprodukt, Papier- oder Faserstoff.[88] „Bei der Nutzung der Biomasse unterscheidet man zwischen der Nutzung von Reststoffen aus der Land- und Forstwirtschaft und dem gezielten Anbau von so genannten Energiepflanzen“[89] Dabei liegt die größte Möglichkeit bei der Verwendung von Holz- und Holzprodukten.[90] Die Biomasserohstoffe werden aufbereitet, indem sie gepresst, getrocknet, zu Alkohol vergoren, zu Biogas umgewandelt und pelletiert werden.[91] Außerdem können sie in chemischen Anlagen zu Treibstoffen umwandelt werden, wodurch nutzbare Biomassebrennstoffe entstehen.[92] „Die so gewonnenen Biomassebrennstoffe haben faktisch das gleiche Einsatzspektrum wie die fossilen Brennstoffe Kohle, Erdöl und Erdgas.“[93] Ein weiterer nutzbarer Vorteil ist, dass man durch Biomasse Elektrizität erzeugen kann und Gebäuden durch Biomassenheizungen beheizen kann.[94] Durch Biotreibstoffe die Anhand Biomasse produziert werden, können Fahrzeuge vorangetrieben werden.[95] Die Biomasse zeigt eine große Vielfalt an Nutzen.[96] Die Verwendung von Biomasse im Anbetracht an den Klimaschutz ist gespalten.[97] Der Grund für die Teilung der Meinungen liegt daran, dass zum Beispiel in Indonesien Regenwälder für den Biotreibstoff in Europa, in Brand gesetzt werden.[98] Jedoch ist die Nutzung von Biomasse kohlendioxidneutral.[99] Dies liegt daran, dass beim Wachstum von Biomasse identisch viel Kohlendioxid aufgenommen wird wie bei der Verbrennung freigesetzt werden.[100] „Voraussetzung ist allerdings, dass die Nutzung der Biomasse nachhaltig erfolgt. Dazu darf nicht mehr Biomasse genutzt werden als wieder nachwächst.“[101] Die steigenden Ölpreise und die zu erreichenden Klimaziele werden die Nutzung von Biomasse vorantreiben.[102] Des

---

[86] Vgl. Quaschning (2013), Erneuerbare Energien und Klimaschutz S.295.
[87] Vgl. Quaschning (2013), Erneuerbare Energien und Klimaschutz S.294.
[88] Vgl. Quaschning (2013), Erneuerbare Energien und Klimaschutz S.294-295.
[89] Quaschning (2013), Erneuerbare Energien und Klimaschutz S.295.
[90] Vgl. Quaschning (2013), Erneuerbare Energien und Klimaschutz S.295.
[91] Vgl. Quaschning (2013), Erneuerbare Energien und Klimaschutz S.295.
[92] Vgl. Quaschning (2013), Erneuerbare Energien und Klimaschutz S.295.
[93] Quaschning (2013), Erneuerbare Energien und Klimaschutz S.295.
[94] Vgl. Quaschning (2013), Erneuerbare Energien und Klimaschutz S.295-296.
[95] Vgl. Quaschning (2013), Erneuerbare Energien und Klimaschutz S.296.
[96] Vgl. Quaschning (2013), Erneuerbare Energien und Klimaschutz S.317.
[97] Vgl. Quaschning (2013), Erneuerbare Energien und Klimaschutz S.317.
[98] Vgl. Quaschning (2013), Erneuerbare Energien und Klimaschutz S.317.
[99] Vgl. Quaschning (2013), Erneuerbare Energien und Klimaschutz S.317.
[100] Vgl. Quaschning (2013), Erneuerbare Energien und Klimaschutz S.317.
[101] Quaschning (2013), Erneuerbare Energien und Klimaschutz S.317.
[102] Vgl. Quaschning (2013), Erneuerbare Energien und Klimaschutz S.321.

Weiteren ist die Ökobilanz der Biotreibstoffe anfechtbar.[103] Attraktiv wird die Nutzung von Biomasse dann, wenn die Weiterentwicklungen hinsichtlich der Emissionssaustoß bei der Biomassenverbrennung getätigt wird.[104]

9 Bedeutung von Energiebereitstellung

Im Folgenden wird unter Energiebereitstellung die Speicherung von Energie verstanden. Energiespeicher wird verwendet, wenn die Energie zur Verfügung steht, aber nicht genutzt wird.[105] Man spricht dann von der Energiebereitstellung. „Er nimmt die Energie auf und gibt sie zu einem späteren Zeitpunkt (oder an einem anderen Ort), wenn eine Nutzung möglich ist, wieder ab.“[106] Kohle, Erdgas und Erdöl sind begrenzte Energieträger, haben aber das Niveau qualitative Energiespeicher zu sein, da sie hohe Energiedichten aufweisen und ohne Verluste beförderbar sind.[107] Heutzutage braucht man Energiespeicher, beispielsweise für Elektrofahrzeuge.[108] Die Batterie des Fahrzeugs dient als Energiespeicher für das Strom, welches im besten Falle aus regenerativen Energien besteht.[109] Für den Vergleich mit fossilen Energieträgern ist die Energiespeicherung aus Ökologischer Sicht attraktiver.[110] Nicht nur ökologisch bietet die Energiespeicherung Möglichkeiten, sondern auch ökonomisch betrachtet, den Umständen entsprechend kann erneuerbar erzeugte Elektrizität durch die Umwandlung in Wärme oder Kälte gespeichert werden und bei Bedarf wieder genutzt werden wodurch Kosten eingespart werden können.[111]

9.1 Verschiedene Energieformen

Thermischer Energie, chemische Energie, elektrische Energie und mechanische Energie sind unterschiedliche Energieformen.[112] „In der Energietechnik wird unterschieden, in welcher Form die Energie dem Verbraucher bereitgestellt wird.“[113] Der nutzbare Anteil der unterschiedlichen Energieformen unterscheidet sich in der Form.[114] Bei der chemischen Energie und der kinetischen Energie muss bei der Nutzung die Umwandlung in die erfordernde Energieform

[103] Vgl. Quaschning (2013), Erneuerbare Energien und Klimaschutz S.322.
[104] Vgl. Quaschning (2013), Erneuerbare Energien und Klimaschutz S.322.
[105] Vgl. Hauer/Hiebler/Reuß (2013), Wärmespeicher S.11.
[106] Hauer/Hiebler/Reuß (2013), Wärmespeicher S.11.
[107] Vgl. Hauer/Hiebler/Reuß (2013), Wärmespeicher S.11.
[108] Vgl. Hauer/Hiebler/Reuß (2013), Wärmespeicher S.11.
[109] Vgl. Hauer/Hiebler/Reuß (2013), Wärmespeicher S.11.
[110] Vgl. Hauer/Hiebler/Reuß (2013), Wärmespeicher S.11.
[111] Vgl. Hauer/Hiebler/Reuß (2013), Wärmespeicher S.16.
[112] Vgl. Hauer/Hiebler/Reuß (2013), Wärmespeicher S.13-14.
[113] Hauer/Hiebler/Reuß (2013), Wärmespeicher S.13.
[114] Vgl. Hauer/Hiebler/Reuß (2013), Wärmespeicher S.13-14.

beachtet werden, wohingegen bei dem elektrischen Strom dies nicht notwendig ist, da es zu 100% genutzt werden kann.[115]

9.2 Wechselwirkung von Bedarf und Bereitstellung in der Energienutzung

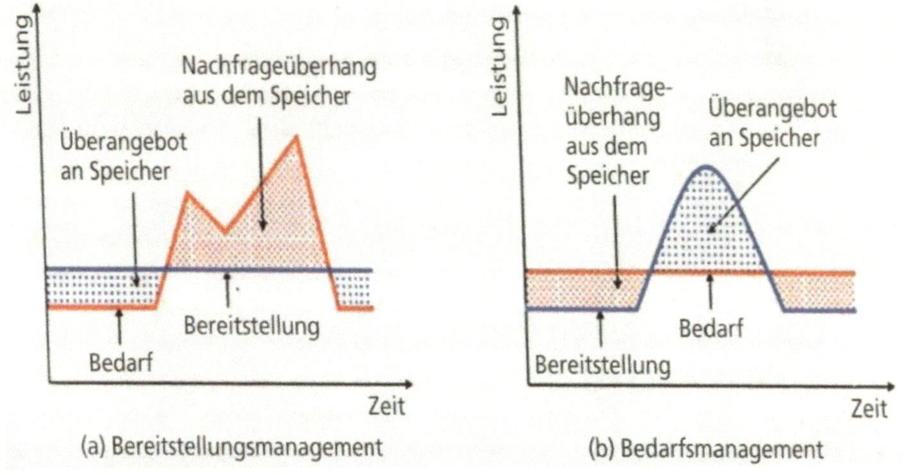

Abbildung 4: Bereitstellungs- und Bedarfsmanagement[116]

In Abbildung 4 wird im Koordinatensystem (a) die Bereitstellungsmanagement und in (b) den Bedarfsmanagement von Energiespeicher dargestellt. Auf beide Koordinatensystemen sind auf der x-Achse die Zeit abgebildet und auf der y-Achse die Leistung. Im Fall (a) ist die Bereitstellung konstant und der Bedarf ist je nach Zeit unterschiedlich. Ist die Bedarfskurve unterhalb der Bereitstellung im Zustand (a), so ist ein Überangebot an Speicher gegeben. Ist die Bedarfskurve oberhalb der Bereitstellung, so ist die Situation der Nachfrageüberschuss aus dem Speicher vorhanden. „Im Fall (a) wird die Energie z.B. durch ein fossiles Kraftwerk bereitgestellt und der variierende Bedarf wird durch Energiespeicher so gedeckt, dass das Kraftwerk nicht darauf reagieren muss und gleichmäßig im optimalen Bereich gefahren werden kann."[117]

Im zweiten Koordinatensystem (b) ist der Bedarf konstant und die Bereitstellung schwankend. Wenn die Bereitstellung niedriger ist als der Bedarf, so ist die Nachfrageüberhang aus dem Speicher vorhanden. Ein Überangebot an Speicher entsteht, wenn die Bereitstellung höher ist als der Bedarf. „Im Fall (b) variiert die Energiebereitstellung, z.B. bei erneuerbaren

[115] Vgl. Hauer/Hiebler/Reuß (2013), Wärmespeicher S.14.

[116] Hauer/Hiebler/Reuß (2013), Wärmespeicher S.13.

[117] Hauer/Hiebler/Reuß (2013), Wärmespeicher S.12.

Energiequellen wie Photovoltaik, Wind oder Solarthermie. Der Energiespeicher stellt in diesem Fall Energie zur Deckung der Grundlast (konstanter Bedarf) bereit."[118]

9.3 Thermischer Energiespeicher

Es wird unterschieden zwischen Speichern von Wärme und Kälte, beides ist bei der thermischen Energiespeicher möglich.[119] Unterscheiden tun sich die beiden Begriffe im Hinblick auf die thermische Energiespeicher, wenn die Temperatur der bereitgestellten thermischen Energie über der Umgebungstemperatur liegt dann spricht man von der Wärmespeicherung und wenn es darunterliegt, spricht man von einer Kältespeicherung.[120] „Ein Kältespeicher unterscheidet sich von einem Wärmespeicher dadurch, dass er beim „Speichern" Wärme abgibt statt aufnimmt."[121] Einsatzbereiche von Thermische Energiespeicher sind beispielsweise Pufferspeicher die zur reinen Leistungsanpassung von Energiebereitstellung dienen.[122]

10 Fazit

Zusammenfassend lässt sich sagen, dass durch den Pariser Abkommen, welches im Jahr 2015 stattfand, auch Deutschland das Abkommen ratifiziert und somit ein Teil des globalen Klimaschutzabkommens geworden ist. Demzufolge wurde ein wichtiger Schritt gegen den Klimawandel gesetzt. Durch die Maßnahmen der Bundesrepublik, anhand des Klimaschutzplans 2050 kommt diese Arbeit zu der Erkenntnis, dass die Energiewirtschaft zur Minderung der Treibhausgas-Emission eine wesentlich große Rolle zu den Klimazielen Deutschlands steht. Dazu sollen die Energiequellen genutzt werden, die unbegrenzt zu Verfügung stehen und nicht den konventionellen Energieträgern wie Erdöl, Erdgas oder Kohle zugreifen. Wie die Untersuchung gezeigt hat ist die Energieerzeugung vielfältig, das heißt das erneuerbare Energien wie Geothermie, Solarthermie und weitere Energieträger zur Verfügung stehen um den Klimawandel zu begrenzen. Die Entwicklung der Stromerzeugung in den letzten 10 Jahren durch regenerative Energieträger wie Windenergie, Photovoltaik und Biomasse stieg deutlich an. Jedoch zeigen die Ermittlungen, dass die alternativen Energien durch die Wind- oder Wetterverhältnissen, außer der Geothermie, abhängig sind. Bei dieser Seminararbeit wurde dies in der Wasserkraft deutlich erkennbar. Die dargestellten Ergebnisse führen dazu, dass im Jahr 2018 durch die erneuerbaren Energien etwa 187,3 Mio. t CO_2 eigespart werden konnten. Durch die intensive Recherche bei der Geothermie ist festgestellt

[118] Hauer/Hiebler/Reuß (2013), Wärmespeicher S.13.
[119] Vgl. Hauer/Hiebler/Reuß (2013), Wärmespeicher S.16.
[120] Vgl. Hauer/Hiebler/Reuß (2013), Wärmespeicher S.16.
[121] Hauer/Hiebler/Reuß (2013), Wärmespeicher S.16.
[122] Vgl. Hauer/Hiebler/Reuß (2013), Wärmespeicher S.15.

worden, dass die gespeicherte Wärme, die auf der Erdkruste liegt, in Energie umgewandelt werden kann. Dies ist mittels drei unterschiedlichen Verfahrens möglich die zur Energiegewinnung dient. Das Scheitern eines Geothermie Projekts kann durch massive Fehleinschätzung der Untergrundtemperatur gelingen. Die Geothermie bietet ökologische Vorteile, jedoch bringt Deutschland die benötigten Gegebenheiten nicht mit, aber langfristig gesehen bietet diese Energietechnik hohes Potenzial. Eine andere regenerative Energieart, welches in dieser Arbeit behandelt wurde ist die Biomasse. Festgestellt wurde, dass die Biomasse der älteste Energieträger ist. Die Verwendung von Biomasse zeigt eine große Vielfalt, andererseits muss die Nutzung nachhaltig erfolgen. Die Energiebereitstellung als Energiespeicher bietet sowohl wirtschaftlich als auch ökologisch hohe Nutzen. Weitere Ansätze, die durch diese Arbeit nicht geklärt werden konnten, sind die weiteren regenerativen Energien als auch weitere Methoden der Energiebereitstellung. Um diese Ansätze explizit beantworten zu können, bedarf es weitere Ermittlungen.

Literaturverzeichnis

BUNDESMINISTERIUM FÜR UMWELT, NATURSCHUTZ UND NUKLEARE SICHERHEIT (2017)

Bundesministerium für Umwelt, Naturschutz und nukleare Sicherheit: Der Klimaschutzplan 2050- Die deutsche Klimaschutzlangfriststrategie, Online im Internet, URL: <https://www.bmu.de/themen/klima-energie/klimaschutz/nationale-klimapolitik/klimaschutzplan-2050/>, Stand 05.10.2017, Abruf 01.12.2019 20:01. Als Anhang beigelegt.

BUNDESMINISTERIUM FÜR WIRTSCHAFT UND ENERGIE (o.J.)

Bundesministerium für Wirtschaft und Energie: Abkommen von Paris, Online im Internet,

URL:<https://www.bmwi.de/Redaktion/DE/Textsammlungen/Industrie/klimaschutz.html?cms_artId=242528>,

Stand o.J., Abruf 29.11.2019 15:35. Als Anhang beigelegt.

BUNDESUMWELTMINISTERIUM (2017)

Bundesumweltministerium: Die Sektorziele im Klimaschutzplan 2050, Online im Internet, URL: <https://www.bmu.de/themen/klima-energie/klimaschutz/nationale-klimapolitik/klimaschutzplan-2050/>, Stand 01.04.2017, Abruf 01.12.2019 18:18. Als Anhang beigelegt.

DIE BUNDESREGIERUNG (2016)

Die Bundesregierung: Meilenstein für Modernisierung Deutschlands, Online im Internet, URL: <https://www.bundesregierung.de/breg-de/themen/energiewende/meilenstein-fuer-modernisierung-deutschlands-387606>, Stand 14.11.2016, Abruf 02.12.2019 15:53. Als Anhang beigelegt.

EUROPÄISCHE KOMMISSION (o.J.)

Europäische Kommission: Pariser Übereinkommen, Online im Internet,

URL:<https://ec.europa.eu/clima/policies/international/negotiations/paris_de#tab-0-0>,

Stand o.J., Abruf 29.11.2019 17:09. Als Anhang beigelegt.

GESCHÄFTSSTELLE DER ARBEITERGRUPPE ERNEUERBARE ENERGIEN- STATISTIK AM UMWELTBUNDESAMT (2019)

Geschäftsstelle der Arbeitergruppe Erneuerbare Energien-Statistik am Umweltbundesamt: Erneuerbare Energien in Deutschland- Daten zur Entwicklung im Jahr 2018, Online im Internet, URL:<https://www.umweltbundesamt.de/publikationen/erneuerbare-energien-in-deutschland-2018>, Stand Februar 2019, Abruf 04.12.2019 13:46. Als Anhang beigelegt. S.9 und S.16.

HAUER/HIEBLER/REUß (2013)

Hauer, A./ Hiebler, S./ Reuß, M.: Wärmespeicher, 5. überarb. Aufl., Fraunhofer IRB Verlag, Stuttgart, Bonn, Karlsruhe 2013, S.11-16.

QUASCHNING (2013)

Quaschning, V.: Erneuerbare Energien und Klimaschutz, 3. Aufl., Carl Hanser Verlag, München 2013, S. 263, 265, 266, 267, 273, 274, 276, 292, 293, 294, 295, 296, 317, 321 und S.322.

STOBER/ BUCHER (2012)

Stober, I./ Bucher, K.: Geothermie, Springer Geology, Berlin, Heidelberg, Dordrecht, London, New York 2012, S. 28.

UMWELTBUNDESAMT, EMISSIONSBILANZ ERNEUERBARER ENERGIETRÄGER UNTER VERWENDUNG VON DATEIEN DER AGEE-STAT (2019)

Umweltbundesamt, Emissionsbilanz erneuerbarer Energieträger unter Verwendung von Dateien der AGEE- Stat: Netto- Bilanz der vermiedenen Treibhausgas- Emissionen durch die Nutzung erneuerbarer Energien im Jahr 2018, Online im Internet, URL: <https://www.umweltbundesamt.de/themen/klima-energie/erneuerbare-energien/erneuerbare-energien-in-zahlen/ar-#emissionsbilanz>, Stand 23.10. 2019, Abruf 04.12.2019 16:47. Als Anhang beigelegt.

ZACHARIAS (2013)

Zacharias, G.: Berufs- und Karriereplaner Erneuerbare Energien, 1. Aufl., Springer Vieweg, Wiesbaden 2013, S. 10.